BEI GRIN MACHT SICH IHR WISSEN BEZAHLT

- Wir veröffentlichen Ihre Hausarbeit,
  Bachelor- und Masterarbeit

- Ihr eigenes eBook und Buch -
  weltweit in allen wichtigen Shops

- Verdienen Sie an jedem Verkauf

Jetzt bei www.GRIN.com hochladen
und kostenlos publizieren

Impressum:

Copyright © 2014 GRIN Verlag
Druck und Bindung: Books on Demand GmbH, Norderstedt Germany
ISBN: 9783656965312

S. Beier

"Clash of Civilizations". Samuel Huntingtons These und die kulturelle Globalisierung homosexueller Lebensmodelle

GRIN Verlag

Johannes Gutenberg-Universität Mainz

Geographisches Institut

Sommersemester 2014

Seminar: Geographien kultureller Globalisierungsprozesse

Abgabetermin: 31.08.2014

Oberthema: Gender, Frauen und Sexualität

Die kulturelle Globalisierung homosexueller (Zusammen-)Lebensmodelle am Beispiel des dänischen Partnerschaftsgesetzes für gleichgeschlechtliche Paare

Studiengang: „Humangeographie: Globalisierung, Medien und Kultur" (Master of Arts)

Fachsemester: 2

Inhaltsverzeichnis

I Abbildungsverzeichnis

II Tabellenverzeichnis

1. Einleitung

1.1 The Clash of Sexual Civilizations

Die Menschenrechtssituation für Schwule und Lesben in Europa wurde von der *International Lesbian, Gay, Bisexual, Trans and Intersex Association*, kurz *ILGA*, in Zusammenarbeit mit der Europäischen Union untersucht (vgl. Abb. 1). Dabei kam heraus, dass die Situation in den meisten europäischen Ländern im mittelmäßigen, guten oder sehr guten Bereich liegt. Ausnahmen bilden vor allem die *orthodoxen* Länder Europas, wie beispielsweise Russland, Weißrussland oder die Ukraine, in denen extreme Diskriminierungen und Verstöße gegen die Menschenrechte festgestellt wurden. Auffällig ist also, dass es eine deutliche Differenz im Umgang mit homosexuellen Menschen zwischen dem *westlich* geprägten und dem *orthodoxen* Europa gibt. Dies erinnert stark an das Modell des *Clash of Civilizations* von Samuel P. Huntington, welches er 1993 in seinem Artikel „The Clash of Civilizations?" veröffentlichte. Auch dort spaltet sich Europa in zwei Lager, besser ausgedrückt Zivilisationen: eine *westlich-christlich* geprägte und eine *orthodox* geprägte Zivilisation Europas sowie genau genommen noch eine dritte, *islamisch* geprägte (vgl. Abb. 2). Nach Beendigung des Kalten Krieges und damit auch dem Ende der ideologischen Teilung Europas folge nun eine neue Teilung anhand kultureller Unterschiede zwischen den besagten Zivilisationen (HUNTINGTON 1993: 29f.).

Abbildung 1: Menschenrechtssituation für Schwule und Lesben in Europa (Arte.tv 2013)

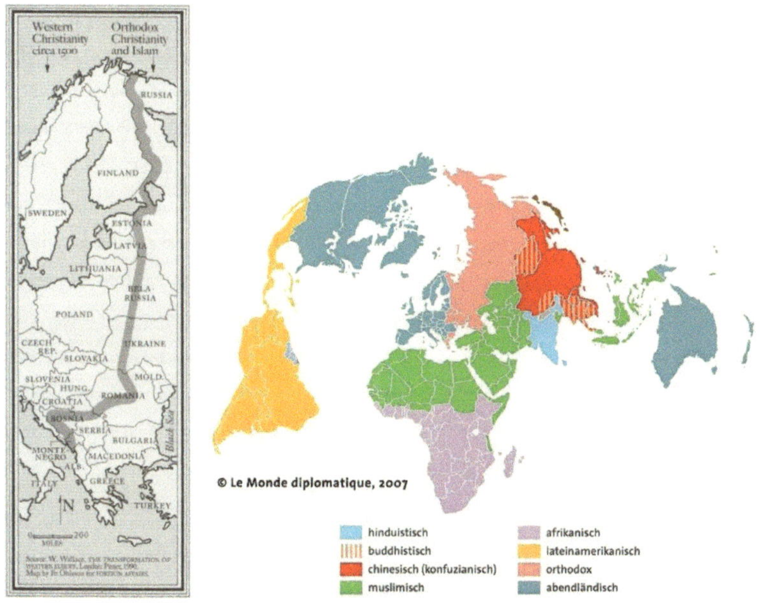

Abbildung 2: Europas Grenze zwischen *westlicher* und *orthodoxer/islamischer* Zivilisation (linke Abbildung) (HUNTINGTON 1993: 30)

Abbildung 3: Huntingtons Zivilisationen (rechte Abbildung) (MORICE 2014)

Um genauer auf Huntingtons Thesen eingehen zu können, muss die Perspektive auf eine globale Ebene gehoben werden. Huntington unterteilt die Welt in acht Zivilisationen, genauer gesagt in die westliche, orthodoxe, islamische, lateinamerikanische, konfuzianische (und buddhistische), hinduistische, afrikanische (vgl. Abb. 3) und japanische (HUNTINGTON 1993: 25). Diese Zivilisationen sieht er als kulturelle Entitäten, die in kleinere Subzivilisationen zerlegt werden können – beispielsweise unterteilt sich die islamische Zivilisation in die arabische, türkische und malaiische Subzivilisation (ebd.: 23f.). Jedoch bilden sie die größtmögliche Ebene der Zusammenfassung kulturell ähnlicher Menschen (ebd.: 23f.). Individuen einer Zivilisation teilen gemeinsame Werte und mitunter spielen Geschichte, Sprache, Religion, Traditionen und Institutionen eine wichtige Rolle (ebd.: 24). Besondere Bedeutung kommt der Selbstidentifikation der Menschen zu (ebd.: 24), wodurch der subjektive Charakter der Festlegung genannter Zivilisationen deutlich wird. Die Grenzen der Zivilisationen können sich also im Laufe der Zeit verändern. Auch sagt HUNTINGTON (1993: 24), dass es Überlappungen zwischen den einzelnen Zivilisationen, bzw. Subzivilisationen, gibt.

Während im Mittelalter Konflikte zwischen Monarchien die Regel waren, wurden diese seit dem *Westfälischen Frieden* von 1648 nach und nach von Kontroversen zwischen Nationalstaaten abgelöst (HUNTINGTON 1993: 22f.). Diese wichen im 20. Jahrhundert ideologischen Kämpfen zwischen demokratischen, sozialistischen und faschistischen Blöcken (ebd.: 22f.). Nach dem Fall des Eisernen Vorhangs traten ideologische Differenzen zugunsten kultureller in den Hintergrund – nicht nur in Europa (ebd.: 29). Es kommt zum *Clash of Civilizations*, der sich vor allem entlang der Grenzen zwischen Zivilisationen ereignen werde (ebd.: 22). Gleichzeitig werde es zwar auch Konflikte innerhalb einer Zivilisation geben, diese seien allerdings weniger intensiv und gewaltsam (ebd.: 38). Da die Interaktionen von Individuen unterschiedlicher Zivilisationen miteinander – im Zuge der Globalisierung – deutlich zugenommen haben, werden den Personen die Unterschiede immer bewusster und die Identifikation mit der eigenen Zivilisation wird immer größer (ebd.: 25). Die Konflikte finden also zum einen auf der Mikroebene – zwischen Personen unterschiedlicher Zivilisationen – statt, zum anderen aber auch auf der Makroebene – zwischen Nationalstaaten oder supranationalen Institutionen verschiedener Zivilisationen (ebd.: 29). Beides zeigt sich sehr präsent in den Medien: ersteres zum Beispiel anhand von Konflikten zwischen Israelis (*westlich*) und Palästinensern (*islamisch*), letzteres beispielsweise durch Kontroversen zwischen der Europäischen Union (*westlich*) und Russland (*orthodox*) oder zwischen China (*konfuzianisch*) und Japan (*japanisch*).

Bei erneuter Betrachtung der Menschenrechtssituation für Schwule und Lesben in Europa (vgl. Abb. 1) stellt sich nun die Frage, ob der Umgang verschiedener Nationen mit Homosexuellen ein Muster aufweist, welches Huntingtons These der acht Zivilisationen unterstützen würde oder nicht. In der wissenschaftlichen Literatur wurden zwei Beiträge gefunden, die sich bereits mit diesem Thema beschäftigt haben. Ronald Inglehart und Pipper Norris befürworten in ihrem 2003 geschriebenen Artikel „The True Clash of Civilizations" diese These. Sie haben die *westliche* mit der *islamischen* Zivilisation verglichen und zum einen Gemeinsamkeiten in Bezug auf den Wunsch nach demokratischen Regierungsstrukturen festgestellt, zum anderen aber fundamentale Unterschiede in der Einstellung gegenüber Rechten von Homosexuellen, welche ihrer Ansicht nach zu einem *Clash* führen könnten (INGLEHART und NORRIS 2003: 63f.). Rüdiger Lautmann ist dagegen etwas kritischer, wie er in seinem Artikel „Globaler Konflikt der sexuellen Zivilisationen? Zur Transformation der Sexualkulturen" von 2012 schrieb. Er spricht sich zwar auch für einen Zusammenhang von Huntingtons These mit der Einstellung zu Homosexualität aus, jedoch sieht er die Konflikte nicht zwischen den Zivilisationen ausgetragen, sondern innerhalb einer Gesellschaft (LAUTMANN 2012: 561). Ethnisch stark gemischte Länder hätten daher ein hohes Konfliktpotential, da extrem unterschiedliche Vorstellungen über und Einstellungen zu Homosexualität aufeinander prallen (ebd.: 561). Aus diesen Überlegungen leitet sich nun die Forschungsfrage der vorliegenden Arbeit ab: **Führt die kulturelle Globalisierung homosexueller (Zusammen-)Lebensmodelle zu einem neuen *Clash of Civilizations* nach Samuel P. Huntington?**

Zur Beantwortung dieser Frage ist sowohl ein Blick in die Wissenschaft als auch in Medien und Alltagsdiskurse notwendig, was im Folgenden über die Vorgehensweise und die Wahl der Methoden genauer ausgeführt wird.

1.2 Vorgehensweise und Methoden

Für die vorliegende wissenschaftliche Arbeit wurde zunächst die bereits vorhandene wissenschaftliche Literatur zum Thema studiert und anschließend die wichtigsten Inhalte in Bezug auf die Forschungsfrage zusammengetragen. Es wurde nach Belegen sowohl für als auch gegen die Fragestellung gesucht und zudem ein breites Hintergrund- und Überblickswissen aufgebaut, welches in den folgenden Kapiteln nähergebracht werden soll. Ein Blick in die speziell zur Forschungsfrage vorhandene und (mit universitären Mitteln) frei verfügbare wissenschaftliche Literatur zeigt die Diversität der Wissenschaftlerinnen und Wissenschaftler, die sich mit dem Thema auseinandersetzen (vgl. Tab. 1). Auffällig ist jedoch, dass nur einer der Autoren aus dem deutschsprachigen Raum kommt und nur einer der Artikel von Geographinnen verfasst wurde (vgl. Tab. 1). Die Dominanz liegt klar bei Autorinnen und Autoren aus dem englischsprachigen Raum sowie bei Wissenschaftlerinnen und Wissenschaftlern aus den Sozialwissenschaften, vor allem Politikwissenschaften und Gender Studies.

Tabelle 1: Thematisch ausgewählte Autorinnen und Autoren der vorliegenden Arbeit mit Herkunft und Fachbereich (eigene Zusammenstellung)

Autorinnen und Autoren	Herkunft	Fachbereich
ALDRICH	Australien	Geschichte
ALTMAN	Australien	Politikwissenschaften
BROWNE und **NASH**	Kanada und UK	**Geographie**
DUPUIS	USA	Politikwissenschaften
GRAHAM	Schweden	Sozialanthropologie
GREWAL und **KAPLAN**	USA	Study of Gender and Sexuality
HEKMA	Niederlande	Gay and Lesbian Studies
INGLEHART und **NORRIS**	USA	Politikwissenschaften
KOLLMAN	UK	Politikwissenschaften
LAUTMANN	**Deutschland**	Soziologie
RYDSTRÖM	Schweden	Geschichte, Gender Studies
SØLAND	Dänemark	Women, Gender and Sexuality Studies

Diese Verteilung spiegelt auch das generelle Bild wieder. Zum einen sind Inhalte zum Thema Sexualität in der Geographie bisher nur Randthemen und von deutlich geringerer Bedeutung als in benachbarten Sozial- und Kulturwissenschaften, zum anderen sind die geographischen Beiträge zur Sexualität hauptsächlich im englischsprachigen Raum verfasst worden. Um die Relevanz des Themas für die Geographie zu verdeutlichen und hervorzuheben, wird in dieser Arbeit besonderen Wert auf eine regelmäßige Verknüpfung der Sachverhalte mit der Geographie gelegt.

Auffällig ist, dass die Artikel ausschließlich von Autorinnen und Autoren aus der *westlichen* Welt geschrieben wurden. Da wahrscheinlich auch die vorliegende Arbeit *westlich* geprägt ist, sollte beim

Lesen berücksichtigt werden, dass die Perspektive womöglich eingeschränkt und/oder zum Teil euro-zentrisch sein kann. Denkbar ist, dass der gezogene Schluss in der Arbeit ein anderer wäre, wenn auch Meinungen und Diskurse aus *nicht-westlichen* Ländern hinzugezogen werden würden. Leider war es nicht möglich entsprechende Literatur zu finden, die der Schwerpunktsetzung der vorliegen-den Arbeit entspricht.

Neben der Verwendung wissenschaftlicher Literatur war es außerdem wichtig, auf Beiträge in den Medien zurückzugreifen, um einen aktuellen Diskurs präsentieren zu können und die Bedeutung des Themas im alltäglichen Leben darzustellen. Die zur Analyse verwendeten Medienbeiträge sind eben-so wie die wissenschaftlichen Beiträge am Ende der Arbeit im *Literaturverzeichnis* zusammengetra-gen. Zur visuellen Unterstützung und inhaltlichen Erweiterung der Arbeit dienen Karten, Fotos, Schaubilder und Tabellen. Diese sind im *Abbildungs-* und *Tabellenverzeichnis* zusammengefasst. Bei den Karten wurden außerdem die Quellen für deren Datengrundlage auf Validität, Objektivität, Reli-abilität sowie Aktualität geprüft. Nachdem nun bereits die Formteile der Arbeit erläutert wurden, folgt ein Überblick über die inhaltliche Zusammensetzung der Arbeit.

1.3 Aufbau der Arbeit

Kapitel 2 setzt sich zunächst mit den Begrifflichkeiten *Globalisierung, kulturelle Globalisierung* und *Homosexualität* auseinander und setzt diese in den Kontext der Geographie. Anschließend wird die Situation homosexueller Menschen sowohl auf zeitlicher als auch auf räumlicher Ebene dargelegt. Schließlich werden die entscheidenden Inhalte zusammengetragen und dienen am Schluss des Kapi-tels zur Schärfung der Forschungsfrage durch die Formulierung einer weiteren, untergeordneten *Subfrage* und damit einer regionalen Konzentration auf den *Westen*.

Im *3. Kapitel* soll die Subfrage anhand eines Fallbeispiels untersucht werden. Hierfür dienen das Land Dänemark und die dortigen Prozesse vor, während und nach der Verabschiedung eines Gesetzes zur gleichgeschlechtlichen Partnerschaft. Nach einem geschichtlichen Einstieg und Ablauf wird ein kultu-reller Blick auf Dänemark gegeben. Anschließend wird untersucht, wie durch Prozesse der kulturellen Globalisierung Ideen von homosexuellen Zusammenlebensformen zunächst in die nordischen Nach-barländer weitergetragen wurden und anschließend eine Ausbreitung in das restliche Europa sowie auf andere Kontinente stattgefunden hat.

Um die Aktualität, Brisanz und Relevanz des Themas zu verdeutlichen, dienen im *4. Kapitel* Berichte aus den Medien (überwiegend Internet-Artikel sowie ein YouTube-Video). Diese stellen einen Aus-schnitt aus dem *westlichen* Diskurs zum Thema Homosexualität dar. Im *5. Kapitel* werden die wich-tigsten Pros und Kontras in Bezug auf Forschungsfrage und Subfrage aus den vorigen Kapiteln zu-sammengefasst und in Form eines Fazits bewertet. Eine kritische Stellungnahme und ein Ausblick schließen das Kapitel und die Arbeit ab.

2. Die kulturelle Globalisierung homosexueller Lebensmodelle

2.1 Kulturelle Globalisierung und Geographie

Im Vorwort seines Buches „Globalisierung" schreibt BACKHAUS (2009: 8): „Wie kaum ein anderes Fach eignet sich die Geographie zur Beschreibung und Analyse der Globalisierung. Durch die Breite und Differenzierung bietet das Fach viele Anknüpfungspunkte an die verschiedenen Prozesse, welche Globalisierung ausmachen". Der geographischen Disziplin wird hier ein hohes Potenzial zur Globalisierungsforschung aufgrund der Vielseitigkeit des Faches nachgesagt. In einem, eigens der Geographie gewidmeten, Kapitel wird diese These weiter ausgeführt. Anhand dessen wird im Folgenden die Globalisierung mit speziellem Blick auf Anwendungsbereiche und Überschneidungen mit Inhalten der Geographie dargestellt. Eine umfassende Definition der Globalisierung bietet FÄßLER (2007: 30):

> „Globalisierung wird als ein Prozess aufgefasst, in dessen Verlauf (a) soziale Interaktionen immer weitere Räume erschließen (*Expansion*), (b) zunehmend dichtere Interaktionsnetzwerke diese Räume durchziehen (*Netzwerkverdichtung*), aus denen (c) globale Wechselwirkungen (*Reziprozität*) erwachsen, welche (d) den strukturellen Umbau (*Transformation*) einbezogener Gesellschaften befördern."

Der Charakter der Globalisierung ist also vor allem prozesshaft. Darüber hinaus wirkt die Globalisierung sowohl global als auch lokal (BACKHAUS 2009: 54) und gerät außerdem häufig aufgrund von Konflikten und negativen Konsequenzen in die Medien und das öffentliche Interesse (ebd.: 10 und 14). Die Geographie untersucht genau das: Prozesse und Probleme auf der Erde – auf unterschiedlichen Maßstabsebenen (ebd.: 54). Berücksichtigt werden Kategorien wie Kultur, Gesellschaft, Natur, Wirtschaft und Politik, die ebenfalls bedeutend für die Globalisierung sind. Der aufgezeigte interdisziplinäre Charakter des Faches wird durch seine enge Zusammenarbeit mit Nachbardisziplinen aus Kultur-, Sozial-, Wirtschafts-, Politik- und Naturwissenschaften bestärkt, die sich genau wie die Geographie mit Themen der Globalisierung befassen (ebd.: 53). Im Gegensatz zu anderen Disziplinen wird in der Geographie versucht, Ereignisse und Situationen im Kontext zu betrachten, statt sich auf die Perspektive aus einer der genannten Kategorien zu spezialisieren, was bei dem komplexen Phänomen der Globalisierung von großem Vorteil ist (ebd.: 55). Die netzwerkartigen Verflechtungen sozialer Interaktionen können somit umfassend und zusammenhängend untersucht werden.

Zwar wurde die Globalisierung vor allem aus wirtschaftlichen Motiven heraus angetrieben (FÄßLER 2007: 30f.), doch ist auch der Einfluss und die Bedeutung der Kultur nicht zu vernachlässigen (BACKHAUS 2009: 215). Die sogenannte *kulturelle Globalisierung* verstärkt die Verbreitung kultureller Werte und Normen – z. B. über Filme, Musik, Mode, aber auch durch Tourismus und Migration – auf globaler Ebene (ebd.: 42) sowie die individuelle Aneignung dieser auf lokaler Ebene (ebd.: 219). Dieser

Definition liegen zwei kulturwissenschaftliche Konzepte zugrunde: ein *weiter Kulturbegriff* sowie ein *fließendes Kulturverständnis*.

Während ein *enger Kulturbegriff* die Kultur mit Künsten und Bildung gleichsetzt, bezieht sich die vorliegende Arbeit auf den *weiten Kulturbegriff*. Bei diesem setzt sich die Kultur zusammen aus „Werten, die Mitglieder einer bestimmten Gruppe teilen, den Normen, denen sie folgen und den materiellen Gütern, die sie kreieren" (BACKHAUS 2009: 216). Daran schließt sich eine Unterscheidung zwischen *statischem* und *fließendem* Verständnis von Kultur an. Lange Zeit dominierte ein *statisches Kulturverständnis*, welches die räumliche Verankerung von Gesellschaften und Kulturen postulierte. Kultur und räumliche Entitäten wurden deckungsgleich betrachtet. Es wurde davon ausgegangen, dass „Kulturen klar begrenzt werden können und mehr oder weniger an einen bestimmten Ort gebunden sind und dass alle, die an diesem Ort leben, dieser Kultur angehören (sollten)" (ebd.: 216). Beispiele hierfür sind Annahmen wie „die Deutschen leben in Deutschland" oder „die Ostfriesen leben in Ostfriesland" und umgekehrt: „in Ostfriesland leben Ostfriesen" oder „in Deutschland leben Deutsche".

Im Zeitalter der Globalisierung ist ein statisches Kulturverständnis nicht länger tragbar, da Kulturen ineinander übergehen, nicht eindeutig voneinander trennbar und nicht zwangsläufig räumlich verortbar sind (BACKHAUS 2009: 218). Ein *fließendes Kulturverständnis* stellt dagegen die Wahl in den Vordergrund, die jedes Individuum in Bezug auf seine/ihre Kultur hat. Die „kulturelle Identität [besteht] aus einer Neuzusammensetzung und einer bestimmten Wahl von ‚kulturellem Material', das (zumindest theoretisch) allen zugänglich ist" (ebd.: 218). Hier wird also zum einen die Veränderlichkeit von Kultur deutlich, zum anderen die eigene Reflexion, die bei der Wahl und Zusammensetzung kultureller Eigenschaften eine Rolle spielt. Die Globalisierung hat diesen Prozess verstärkt, indem nun „die meisten kulturellen Muster und Informationen von außen auf eine Gemeinschaft zu[kommen]" (ebd.: 218). Geklärt werden muss nun auch, inwiefern *Homosexualität* im Zusammenhang mit der kulturellen Globalisierung gesehen werden kann und wie diese Wechselwirkungen innerhalb der Geographie sinnvoll untersucht werden können.

2.2 Homosexualität und Geographie

Homosexualität wird definiert als das Lieben und (sexuelle) Begehren von Menschen des (ausschließlich) gleichen Geschlechts, wobei hier nicht immer klare Grenzen zur Hetero- und Bisexualität gezogen werden können (JAGOSE 2001: 19). Wichtig zu beachten sind außerdem der historische und kulturelle Kontext, da gleichgeschlechtliche (sexuelle) Praktiken nicht über alle Kulturen und Epochen hinweg mit denselben gesellschaftlichen Bedeutungen belegt waren (ebd.: 20f.). Zwar gab es schon immer gleichgeschlechtliches Verhalten, doch wurde den Menschen, die dieses ausübten, früher keine übergreifende Identität zugeschrieben (ebd.: 23 und 29). Ein *westliches* Modell der homosexuellen Identität breitet(e) sich im Zuge der kulturellen Globalisierung aus und sorgt(e) für neue Formen der Ungleichheit (GREWAL und KAPLAN 2001: 663; ALTMAN 2013: 122).

Homosexuell zu sein bedeutet heute, entgegen der Norm unserer Gesellschaft – und anderer Gesellschaften – zu leben und zu lieben. Da die als Gegenkonstrukt gebildete Zuschreibung *heterosexuell* als Norm der Gesellschaft gilt und sowohl institutionell als auch im Alltag reproduziert und normalisiert wird, werden homosexuelle Menschen vielfach diskriminiert – bewusst, aber auch unbewusst (JAGOSE 2001: 30). Bisher spielten sich Aushandlungsprozesse um das moralische, religiöse oder philosophische Für und Wider von Homosexualität vor allem im nationalen und lokalen Kontext ab. Mehr und mehr beeinflusst aber mittlerweile die Globalisierung „auch das Privatleben: Sexualität, Beziehungen, Ehe und die Familie" (BACKHAUS 2009: 284). Globalisierung verstärkt hier – wie in vielen anderen Bereichen – Ungleichheiten, die sich im Falle der Homosexualität zwischen Freiheit und Unterdrückung bewegen (ALTMAN 2004: 63; BROWNE und NASH 2013: 203).

Die Geographie eignet sich hierbei in besonderem Maße zur Untersuchung, da Ungleichheiten auf unterschiedlichen Maßstabsebenen – lokal, national, global – untersucht werden können und die Identität – vor allem in der Kultur- und Sozialgeographie – eine besondere Rolle spielt. Geographische Wissenschaftlerinnen und Wissenschaftler beschäftigen sich zunehmend mit der Sexualität oder im Speziellen mit Homosexualität – z. B. Michael Browne, Kath Browne, Catherine J. Nash, Jon Binnie, Natalie Oswin, Stephen Hodge, Andrew Gorman-Murray, Kim England, um nur einige zu nennen. Eigene Subdisziplinen wie *Geographies of Sexualities*, *Queer Geographies* oder *Gay and Lesbian Geographies* haben sich bereits entwickelt. Wie die Namen vermuten lassen, sind diese Teilbereiche der Geographie vor allem im angelsächsischen Raum verbreitet und im deutschsprachigen Raum bisher wenig bekannt. Da die Geographie Phänomene und Prozesse in Zeit und Raum erfasst, wird nun zunächst ein historischer Überblick über Homosexualität gegeben und anschließend werden aus heutiger Sicht die globalen Muster untersucht.

2.3 Geschichte der Homosexualität

Gleichgeschlechtliches Begehren gab es schon immer und überall, unabhängig von Epoche oder Kultur (ALDRICH 2007: 7). Lediglich der Umgang mit und das Ansehen von Menschen mit diesen Neigungen variiert in Raum und Zeit. Im Unterschied zur heutigen Zeit wurde gleichgeschlechtliches Verhalten nicht nur toleriert oder nicht toleriert, sondern es gab darüber hinaus auch die Variante, dass zum Beispiel Beziehungen zwischen Männern heroisiert wurden und damit im Ansehen über der Beziehung zwischen Mann und Frau standen, wie im antiken Griechenland (ebd.: 7f.). Vielfach jedoch wurde und wird das Lieben und (sexuelle) Begehren von Menschen des gleichen Geschlechts als unmoralisch abgelehnt und zum Teil gesetzlich unterbunden (ebd.: 8). Mittlerweile befindet sich die

Sexualmoral allerdings wieder im Wandel (ebd.: 8), was auf einige bedeutende Ereignisse und Wendungen zurückzuführen ist.

Vor allem im Mittelalter führten viele europäische Länder Gesetze gegen Sodomie ein, also gegen sexuelle Handlungen, die nicht der Fortpflanzung dienen, so auch gleichgeschlechtliche Handlungen (ALDRICH 2007: 10). Im Zuge der Kolonialisierung wurden diese Gesetze in weitere Länder exportiert und dort – auch nach formaler Unabhängigkeit der Staaten – vielfach und zum Teil bis zum heutigen Tage beibehalten (HEKMA 2007: 358f.). Erst in den 1860er Jahren wurde der Begriff *Homosexualität* in Ungarn erfunden (ALDRICH 2007: 11) und hat sich von da an im Zuge der Globalisierung zunächst über die *westliche*, schließlich aber die gesamte Welt ausgebreitet (ebd.: 13). Der Begriff wurde von dem zunächst ausschließlich medizinisch-wissenschaftlichen Gebrauch in die Umgangssprache übernommen (ebd.: 13).

Ein Jahrhundert später, in den 1960er Jahren, kam es zur sexuellen Revolution, die auch maßgeblich zur Entwicklung einer eigenen Schwulen- und Lesbenkultur in Städten beitrug (HEKMA 2007: 333). Wichtigste Ereignisse sind wohl die „Razzia im Stonewall Inn in der New Yorker Christopher Street 1969 und der nachfolgende Aufstand", welche als „Wendepunkt der Entwicklung in den USA betrachtet [werden]" (ebd.: 333). Die genannten Geschehnisse schlugen auch globale Wellen und hatten zur Folge, dass in Europa die mittelalterlichen Sodomie-Gesetze nach und nach aufgehoben wurden (ebd.: 346). In den 1970er Jahren begannen die Medien sich dem Thema Homosexualität anzunehmen – mit weitreichenden Folgen, wie HEKMA (2007: 350) erörtert:

> „In den meisten Ländern ist es praktisch unmöglich geworden, nicht auf Abbildungen von Schwulen oder zumindest auf öffentliche Erörterungen der Homosexualität zu stoßen, auch wenn sie vielleicht nicht immer schmeichelhaft sind. Diese Sichtbarkeit hat ihre Vorteile, birgt aber auch Risiken: Zunächst einmal ist sie ein positiver Schritt, auch wenn die Kluft zwischen der Sichtbarkeit in den Medien und im Alltagsleben nicht geschlossen worden ist. Andererseits hat die Bedeutung, die dem Thema Homosexualität in westlichen Medien verliehen wird, in manchen Ländern zu der Behauptung geführt, sie sei ein westlicher Import, den es zu bekämpfen gilt."

Diese starke Medienpräsenz von Homosexualität führte also sowohl zu Verbesserungen, als auch zu Verschlechterungen der Situation von Homosexuellen weltweit, die als ein Ergebnis neuer Ungleichheiten durch die Globalisierung gewertet werden können. Dies führte zusammen mit weiteren Faktoren zu einem starken Anstieg von Gruppierungen der Schwulen- und Lesbenbewegung, die von Anfang an in globalen Netzwerken organisiert waren und für eine Gleichberechtigung Homosexueller auf der ganzen Welt kämpften – auch im wahrsten Sinne (HEKMA 2007: 356). Die Bedeutung dieser Gruppen im Zuge der kulturellen Globalisierung soll nachfolgend noch verdeutlicht werden:

„Seit 1978 ist die gesamte Bewegung unter dem Dach der International Lesbian and Gay Association (ILGA) zusammengefasst. [...] Die ILGA hat [...] Schwulenbewegungen aufgefordert, über den nationalen Tellerrand zu schauen, voneinander zu lernen und Schwesterorganisationen zu unterstützen" (HEKMA 2007: 357).

Der globale Austausch von Informationen und die Bildung von internationalen Netzwerken verdeutlichen den Globalisierungscharakter von homosexuellen Bewegungen (ALTMAN 2013: 120). Es handelt sich um *Global Player*, die als *INGOs – International Non-Governmental Organizations* bzw. *Internationale Nichtregierungsorganisationen* – organisiert sind (für eine Definition von INGOs vgl. FÄßLER 2007: 202).

Ein weiterer Schritt im sexuellen Umbruch verschiedenster Gesellschaften war die rasante Ausbreitung der Seuche AIDS am Ende des 20. Jahrhunderts (ALDRICH 2007: 13). AIDS hat „das Sexualverhalten in die vorderste Linie allgemeinen Interesses gebracht. In der verfehlten Suche nach Schuldigen, aber auch in der sinnvollen Bemühung um Prävention wurden Menschen, Praktiken und Gruppen aus der Verborgenheit ins öffentliche Blickfeld gezerrt" (ebd.: 13). Es kam also zu einer noch stärkeren Sichtbarkeit homosexueller Menschen. Zwar bewegte sich diese Sichtbarkeit in einem negativen Kontext, jedoch entstand auch ein positives Bild, da Regierung und Gesundheitsbehörden mit Schwulenbewegungen Hand in Hand arbeiteten und somit Erfolge bei der Eindämmung der Krankheit erzielt wurden (HEKMA 2007: 343).

Zu guter Letzt seien nun noch die rechtlich-institutionellen Rahmenbedingungen für das Zusammenleben homosexueller Menschen genannt, die sich seit 1989 bis heute grundlegend geändert haben. War es bis zum Ende des Kalten Krieges für (homosexuelle) Menschen auf der ganzen Welt nur möglich eine Person des anderen Geschlechts zu heiraten, änderte sich die Situation bedeutend in den folgenden Jahren – allerdings sehr ungleich. Die nordeuropäischen Länder führten, beginnend mit Dänemark, nach und nach gesetzliche Modelle einer gleichgeschlechtlichen Lebenspartnerschaft – mit gleichen Pflichten und weniger Rechten als bei der Ehe – ein und wurden diesbezüglich bald von anderen Ländern – auch außerhalb Europas – kopiert (HEKMA 2007: 362). Im Jahre 2001 stellten dann schließlich die Niederlande als erstes Land der Welt die gleichgeschlechtliche Partnerschaft in allen Punkten mit der heterosexuellen Ehe gleich (ebd.: 362). Die von da an umgangssprachlich als *Homo-Ehe* bezeichnete neue mögliche Zusammenlebensform für homosexuelle Paare war geboren – wenn auch nur für Niederländerinnen und Niederländer. Doch auch dieses Modell wurde bald von einer Vielzahl an – vor allem *westlichen* – Ländern übernommen (ebd.: 362), worauf im folgenden Kapitel noch näher eingegangen wird, ebenso wie auf die starke Fragmentierung der rechtlichen Situation weltweit.

2.4 Ein globaler Überblick

Der Blick in unterschiedliche Epochen reicht nicht aus, um die Situation Homosexueller in der heutigen Zeit zu verstehen. Hierfür muss auch ein räumlicher Überblick geschaffen werden – mit besonderer Hinwendung auf den Nationalstaat, da dieser hauptsächlich die gesetzlichen und institutionellen Rahmenbedingungen für das Leben homosexueller Menschen schafft.

Die rechtliche Situation Homosexueller auf globaler Ebene lässt einige interessante Erkenntnisse gewinnen. Bei Betrachtung des von Huntington als *westliche Zivilisation* bezeichneten Raumes – also genauer gesagt Nordamerika, die christlich geprägten Länder Europas (West-, Süd-, Nord- und Mitteleuropa sowie in Teilen Ost- und Südosteuropa), Australien sowie Neuseeland (vgl. Abb. 3) – fällt auf, dass eine überwältigende Mehrheit der Staaten Gesetze zur rechtlichen Gleichstellung homosexueller Paare implementiert hat (vgl. Abb. 4). Darüber hinaus gibt es kein *westliches* Land (mehr), in dem homosexuelle Handlungen als Straftat angesehen werden.

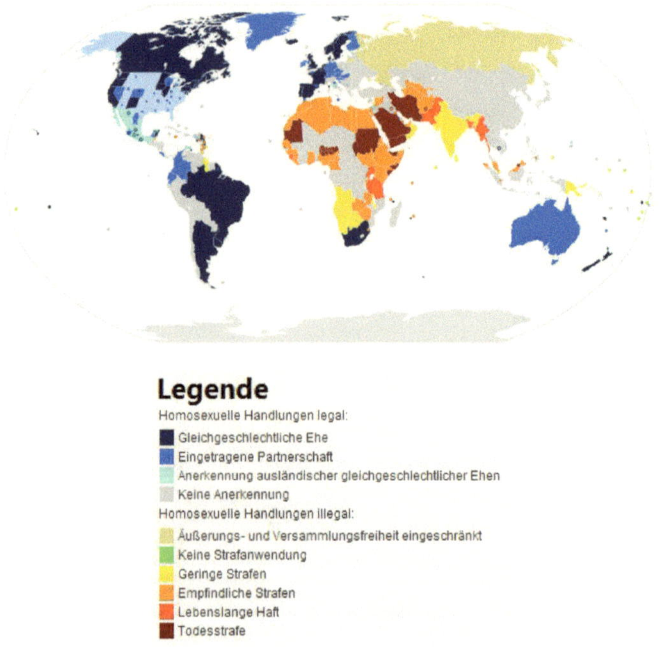

Abbildung 4: Rechtliche Situation homosexueller Menschen weltweit (Silje, Dralwik et al. 2014)

Wird der Blick nun auf die restliche Welt ausgeweitet, so lässt sich erkennen, dass sehr viele der *nicht-westlichen* Länder Homosexualität per Gesetz unter Strafe stellen (vgl. Abb. 4). Diese Strafen

beginnen bei Geldstrafen, gehen über mehrjährige oder lebenslängliche Haftstrafen bis hin zur To-
desstrafe. Es lassen sich aber auch Ausnahmen feststellen, nämlich einige mittel- und südamerikani-
sche Länder sowie Südafrika, in denen Homosexualität nicht strafbar ist und eine Gleichstellung homosexueller Zusammenlebensformen weit voran geschritten ist – zum Teil weiter als in einigen *westlichen* Ländern. Dieses vielfältige Mosaik macht deutlich, dass zur sinnvollen Bearbeitung des Themas
und zur Beantwortung der Forschungsfrage in der vorliegenden Arbeit ein Schwerpunkt gesetzt werden muss. Die scheinbare Homogenität *westlicher* Länder in rechtlichen Fragen der Homosexualität
bildet den Grundstein für weitere Überlegungen.

2.5 The West against the Rest?

Auch HUNTINGTON (1993: 41) spricht bereits davon, dass sich die Hauptachse des Konflikts zwischen
dem *Westen* und den anderen Zivilisationen befindet und zukünftig befinden wird. Grund dafür ist
die Vormachtstellung des *Westens* in der Welt und die damit einhergehende *Westernisierung nicht-
westlicher* Staaten (HUNTINGTON 1993: 39f.), also die vermeintliche kulturelle Vereinheitlichung, auch
Homogenisierung genannt, mit dem *Westen* als dominantes kulturelles Leitbild (BACKHAUS 2009: 215).
Diese Dominanz hat unter anderem zur Folge, dass in den beeinflussten Staaten eine Rückbesinnung
auf lokale Traditionen und Werte als Form der Abgrenzung gegenüber dem *Westen* stattfindet
(HUNTINGTON 1993: 26). Die, zum Teil institutionelle, Verbreitung *westlicher* Ideen wie Menschenrechte, Gleichheit, Freiheit oder Individualismus wird in der *nicht-westlichen* Welt zum Teil als neue Form
des Imperialismus gesehen und daher kategorisch abgelehnt bzw. dieser stark entgegengewirkt
(HUNTINGTON 1993: 40f.; ALTMAN 2004: 67).

Der *Westen* positioniert und präsentiert sich in Fragen der Menschenrechte als homogener Raum
(HUNTINGTON 1993: 41). Es stellt sich nun die Frage, ob dies auch speziell für den Umgang mit sowie
der Einstellung gegenüber Homosexualität und Homosexuellen gilt, wie es die relativ einheitliche
rechtliche Situation *westlicher* Länder vermuten lassen würde. Zur Operationalisierbarkeit der Forschungsfrage wird daher eine Subfrage gebildet: **Handelt es sich bei der *westlichen* Welt um eine
homogene Kultur in Bezug auf den Umgang mit und der Sichtweise von homosexuellen (Zusam-
men-)Lebensmodellen?**

Zur Beantwortung dieser Frage wird im nächsten Kapitel anhand des Fallbeispiels Dänemark die dor-
tige Entwicklung rechtlicher Rahmenbedingungen für Homosexuelle untersucht sowie davon ausge-
hend eine kulturelle Globalisierung dieser Idee beobachtet.

3. Fallbeispiel Dänemark

3.1 Die Entstehung des gleichgeschlechtlichen Partnerschaftsgesetzes

Im Jahre 1989 erließ das dänische Parlament ein Gesetz zur Einführung der gleichgeschlechtlichen Partnerschaft (SØLAND 1998: 48). Damit war Dänemark das erste Land der Welt, das eine rechtliche Gleichstellung homosexueller Paare vornahm (ebd.: 48). Weitere *westliche* Länder orientierten sich an dem dänischen Gesetz und schufen ähnliche Gesetzesentwürfe (KOLLMAN 2007: 335). Daher soll anhand von Dänemark zum einen untersucht werden, welche Prozesse zu besagten Gesetzen geführt haben und ob in anderen *westlichen* Ländern ähnliche Prozesse eine Rolle spielten. Zum anderen ist zu zeigen, ob sich der dänische *Diskurs* auf den gesamten *Westen* beziehen lässt und dieser damit als homogen in Bezug auf die Sichtweise von Homosexuellen anzusehen ist, also die Subfrage – und damit auch die Forschungsfrage – bestätigt werden kann oder eben nicht. Zunächst folgt ein historischer Ablauf, der von Birgitte Søland im 1998 geschriebenen Artikel „A Queer Nation? The Passage of the Gay and Lesbian Partnership Legislation in Denmark, 1989" ausführlich untersucht und beschrieben wurde (für eine visuelle Zusammenfassung vgl. Abb. 5).

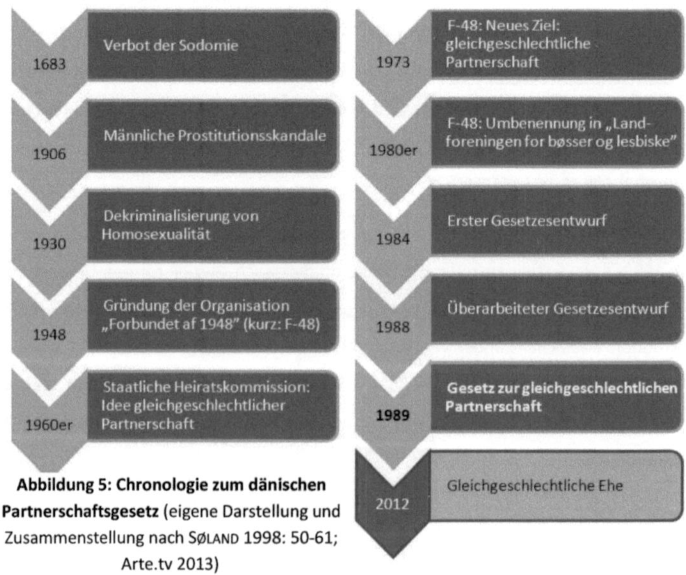

Abbildung 5: Chronologie zum dänischen Partnerschaftsgesetz (eigene Darstellung und Zusammenstellung nach SØLAND 1998: 50-61; Arte.tv 2013)

Im 17. Jahrhundert wurde in Dänemark, wie auch in den meisten anderen europäischen Ländern, Sodomie – also Geschlechtsverkehr, der nicht zur Reproduktion dient – unter Strafe gestellt (SØLAND 1998: 50). Von da an waren (männliche) homosexuelle Handlungen kriminalisiert, das Thema tabuisiert (ebd.: 50). Erst Anfang des 20. Jahrhunderts geriet das Thema Homosexualität wieder in die Öffentlichkeit: durch mehrere männliche Prostitutionsskandale, die durch die Medien gingen, wurde die breite Bevölkerung damit konfrontiert (ebd.: 51). Die dadurch in Gang gebrachte Bildung von homosexuellen Subkulturen trug ebenso wie die von da an immer häufiger stattfindenden Diskussionen dazu bei, Homosexualität in Dänemark 1930 zu entkriminalisieren (ebd.: 50f.). Dies geschah relativ früh im Hinblick darauf, dass zum einen Homosexualität noch bis zum Jahre 1980 in der Liste psychischer Krankheiten der *Weltgesundheitsorganisation* – kurz *WHO* für *World Health Organization* – geführt wurde (ebd.: 50) und zum anderen in einflussreichen europäischen Ländern die Entkriminalisierung deutlich später stattfand, frühestens nach dem Zweiten Weltkrieg (ebd.: 51). Deutschland legalisierte Homosexualität sogar erst 1994 (Queer.de 2014b).

Nach dem Zweiten Weltkrieg wurde *Forbundet af 1948* – auf Deutsch *Vereinigung von 1948* – als erste dänische Organisation, die sich für die Belange homosexueller Menschen einsetzte, gegründet (SØLAND 1998: 51). Die Idee zur Einführung einer gleichgeschlechtlichen Partnerschaft entstammte allerdings nicht dieser Organisation, sondern wurde von der staatlichen Heiratskommission selbst in den 1960er Jahren entwickelt (ebd.: 53). Aus Angst, die Gleichstellung würde die Ehe untergraben und ihren Wert mindern, wurde die Idee zunächst komplett verworfen (ebd.: 53).

Seit 1973 nahm sich die Organisation *Forbundet af 1948* (kurz: *F-48*) dann dem Thema an und setzte sich als Ziel, die rechtliche Gleichstellung homosexueller Paare politisch voranzutreiben (SØLAND 1998: 53). Um präsenter zu sein, wurde im Jahre 1980 der Name der Organisation zu *Landforeningen for bøsser og lesbiske* – Dänisch für *Nationale Organisation Schwuler und Lesben* – geändert (ebd.: 53). Da kaum finanzielle Mittel zur Verfügung standen, gab es keine spezielle Strategie (ebd.: 53). Mitglieder der Organisation sprachen zunächst mit Menschen aus ihrem Bekanntenkreis, um für das Vorhaben zu werben (ebd.: 53). Aufgrund guter Vernetzungen im politischen Milieu und weil viele Aktivisten der homosexuellen Szene gleichzeitig politisch tätig waren, gelang dieses Vorhaben besser als erwartet (ebd.: 53f.). Besonders mit Berufung auf die Menschenrechte und die Gleichheit von Menschen konnten die Belange erfolgreich in das politische Spektrum gebracht werden (ebd.: 54).

Im Jahre 1984 lag dann schließlich der erste Gesetzesentwurf vor, der von der liberal-linken Opposition verfasst wurde (SØLAND 1998: 54). Vorgesehen war ein Modell, das sich an der Ehe orientiert und dementsprechend die gleichen Rechte und Pflichten mit sich bringt (ebd.: 55). Da die Regierung aus einer konservativen Koalition gebildet wurde und es vor allem in den Punkten Adoption und kirchliche Trauung Widerstand – unter anderem von christlicher Seite – gab, fand der Vorschlag wenig Anerkennung (ebd.: 55f.). 1988 lag ein überarbeiteter Gesetzesentwurf vor, der diesmal explizit Adoption und kirchliche Trauung für gleichgeschlechtliche Lebenspartnerschaften ausschloss (ebd.: 56f.) und nur zwei *dänischen* Staatsbürgerinnen bzw. Staatsbürgern zur Verfügung stehen sollte (RYDSTRÖM

2008: 208). Statt der Verwendung des Begriffs *Ehe* wurde nun von *Partnerschaft* gesprochen, wodurch eine deutliche Trennung zur heterosexuellen Ehe vorgenommen wurde (SØLAND 1998: 56f.). Auch wurde nicht von Ehemännern (*mænd*) oder Ehefrauen (*koner*) gesprochen, sondern neutral von Partnern (*partnere*) (RYDSTRÖM 2008: 194). Dies führte dazu, dass sich eine breitere Mehrheit für den Entwurf aussprach (SØLAND 1998: 56f.). Auch standen die Chancen zur Umsetzung des Partnerschaftsgesetzes nun besser, da die Regierung aus sozialen und liberalen Parteien gebildet wurde (ebd.: 56f.). Am 26. Mai 1989 kam es zur Umsetzung (ebd.: 57f.) und als erstes gleichgeschlechtliches Paar der Welt ließen sich die Gründer der Organisation *F-48* – Axel Lundahl-Madsen und Eigil Eskildsen (vgl. Abb. 6) – in der dänischen Hauptstadt Kopenhagen trauen (Special K 2013).

Abbildung 6: Axel Lundahl-Madsen und Eigil Eskildsen, erstes Paar der Welt in offizieller gleichgeschlechtlicher Partnerschaft (Special K 2013)

Besonders war, dass es weder vor, während, noch nach der Verabschiedung des neu verfassten Gesetzesentwurfs nennenswerte Kontroversen oder Debatten gab – weder in der Politik noch in der Gesellschaft (SØLAND 1998: 58ff.). Selbst konservative und christliche Parteien stimmten überwiegend zugunsten des neuen Entwurfs und warben sogar öffentlich dafür (ebd.: 60f.). Rechten Gruppierungen fehlten trotz ihrer Ablehnungshaltung die Argumentationsgrundlagen (ebd.: 59). Warum war das so? Im Folgenden werden Gründe dafür im Kern der dänischen Kultur gesucht.

3.2 Die dänische Kultur

Basiskonzepte dänischer Kultur – wie Toleranz, Freiheit, Gleichheit und Selbstbestimmung (vgl. Abb. 7) – sind nicht nur stereotypisierende Elemente einer Fremdzuschreibung, sondern auch stark im Bewusstsein und der Selbstidentifikation der Däninnen und Dänen verankert und somit ebenso

Teil der Eigenzuschreibung (Dupuis 1995: 110; Søland 1998: 58). Die genannten Eigenschaften werden als so fundamental wichtige Werte angesehen, dass sie über anderen Wertvorstellungen stehen (Søland 1998: 58). Beispielsweise bekräftigten gläubige Menschen, dass es eine größere Rolle spiele, den dänischen Werten treu zu bleiben, anstatt sich lediglich auf die Religion zu beziehen und somit das Partnerschaftsgesetz unumgänglich sei, um Diskriminierungen zu vermindern (ebd.: 59f.). Dieser Meinung schloss sich auch die dänische lutherische Kirche an (Dupuis 1995: 108).

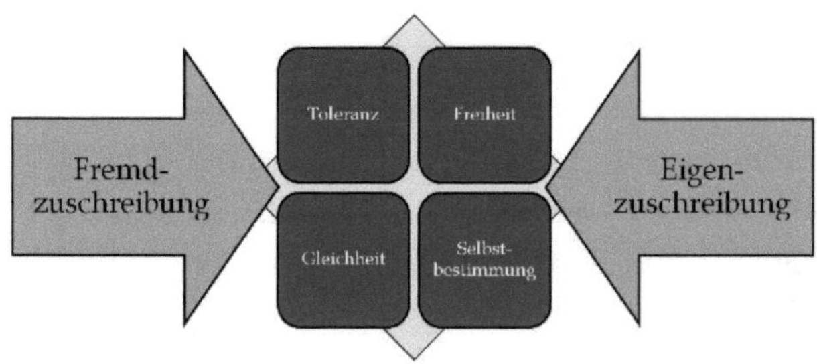

Abbildung 7: Basiskonzepte dänischer Kultur (eigene Darstellung nach Søland 1998: 58ff.)

Verschiedene Meinungsumfragen vor der Verabschiedung des Gesetzes besiegelten den großen Zuspruch für das Gesetz in der dänischen Bevölkerung und die Begründungen bestätigen die anfangs genannten kulturellen Komponenten dänischer Identität (Dupuis 1995: 107; Rydström 2008: 198). Darüber hinaus spielte das Wissen über die Fremdzuschreibungen und das damit zusammenhängende Ansehen des Landes in der Welt als toleranter Staat eine wichtige Rolle bei einigen Befürwortern (Dupuis 1995: 106). Interessant ist auch, dass die wenigen Politiker, die gegen den Gesetzesentwurf stimmten, öffentlich nicht ihre Gegenargumente präsentierten, sondern sich entweder ganz zurück hielten oder sogar ihr Verständnis für homosexuelle Menschen ausdrückten (Søland 1998: 60).

Die Frage, die sich nun anschließt, lautet: Sind die dänische Kultur und der dänische Weg zum gleichgeschlechtlichen Partnerschaftsgesetz repräsentativ für alle Kulturen der *westlichen* Welt? Dafür wird zunächst ein Blick auf die nordischen Nachbarländer geworfen und dieser am Ende in einen globalen Kontext eingebettet.

3.3 Der dänische Domino-Effekt

Die neuen Gesetze in Dänemark werden als wichtiger Faktor angesehen, der die Entwicklungen in den anderen nordischen Ländern stark beeinflusst hat (Rydström 2001: 171). Dies war vor allem so, da die Zeit zeigen sollte, dass es in den Jahren nach dem Gesetz keine – wie von einigen erwartete – negativen Konsequenzen für die dänische Gesellschaft gab (ebd.: 171). Die Schwulen- und Lesbenbewegungen der nordischen Länder ließen sich davon inspirieren und schlugen trotz anfänglicher Kritik an der geplanten Umsetzung des dänisches Gesetzes einen ähnlichen Weg ein (RYDSTRÖM 2008: 199). Wurden anfangs noch die diskriminierenden Eigenschaften der Partnerschaft im Unterschied zur Ehe betont, waren es fortan die positiven Aspekte, die hervorgehoben wurden (ebd.: 199). In Island änderte sich sogar die vorherrschende öffentliche Meinung der Gesellschaft, die bis zur Verabschiedung des dänischen Gesetzes als eher homophob einzustufen war, hin zur Akzeptanz homosexueller Lebensgemeinschaften (ebd.: 199ff.).

Seit den 1950er Jahren wurde in allen nordischen Ländern bereits die Überarbeitung der Ehe-Gesetze hin zu einer geschlechtsneutralen Variante diskutiert, welche Frauen und Männer bei der Ehe vollständig gleichstellen und geschlechterspezifische Unterschiede auflösen sollte. Zwar waren diese bis zum Zeitpunkt des dänischen Gesetzes nicht verabschiedet, doch zeigt es, dass generell das Modell der Ehe überdacht wurde und Änderungen nicht grundsätzlich ausgeschlossen wurden (RYDSTRÖM 2008: 194). RYDSTRÖM (2008: 19) spricht vom dänischen „Domino-Effekt", da in den Jahren nach der Einführung des dänischen Partnerschaftsgesetzes nach und nach auch die nordischen Länder Norwegen, Schweden, das – von Dänemark repräsentierte – autonome Gebiet Grönland, Island und Finnland in der genannten Reihenfolge die gleichgeschlechtliche Partnerschaft einführten (vgl. Tab. 2). Als ein wichtiger Grund für die schnelle Umsetzung solcher Gesetze zugunsten sexueller Minderheiten wird die in den nordischen Ländern generell sehr ausgeprägte Minderheitenpolitik angesehen (RYDSTRÖM 2001: 162).

Tabelle 2: Einführung der eingetragenen Lebenspartnerschaft für Homosexuelle sowie der gleichgeschlechtlichen Ehe in den nordischen Ländern bzw. Gebieten (eigene Zusammenstellung nach RYDSTRÖM 2001: 171-201.; Arte.tv 2013)

Land / Gebiet	Eingetragene Lebenspartnerschaft	Gleichgeschlechtliche Ehe
Dänemark	1989	2012
Norwegen	1993	2009
Schweden	1995	2009
Grönland	1996	---
Island	1996	2010
Finnland	2002	---
Färöer	---	---

Einzige Ausnahme im nordischen Raum bilden die – von Dänemark repräsentierten – autonomen Färöer-Inseln, die bis heute aufgrund stärkeren Widerstands von konservativen Kräften keine ähnlichen Gesetze eingeführt haben und dies auch nicht planen (RYDSTRÖM 2001: 171 und 201). Ebenso in Finnland, wo die Gesellschaft als politisch durchmischter gilt und die Meinungen gestreuter als in den anderen nordischen Länder sind, gab es zunächst Widerstand gegen die Einführung eines Gesetzes für gleichgeschlechtliche Partnerschaften (ebd.: 172). Erst 2002, also deutlich später als die anderen nordischen Länder und noch nach einigen west-, mittel- und südeuropäischen sowie außereuropäischen Ländern, führte Finnland ein Gesetz zur gleichgeschlechtlichen Partnerschaft ein (RYDSTRÖM 2008: 199). In Island und Grönland ähnelten die Erfahrungen dagegen eher dem dänischen Weg, da es hier kaum politische Kontroversen gab (RYDSTRÖM 2001: 172). Allerdings sollte angemerkt werden, dass das Gesetz in Grönland in Bezug auf die Sichtbarkeit von Homosexuellen kaum Effekte hatte (ebd.: 201). Schweden und Norwegen zeigten auch eher ein einheitliches Meinungsbild, doch gab es hier eine christlich-konservative Opposition, die sich über die Medien eine Plattform sicherte, um ihr Missfallen zu äußern (RYDSTRÖM 2008: 199).

Der nordische Raum eignet sich gut, um die vermeintliche Homogenität des *Westens* in Bezug auf Homosexualität in Frage zu stellen, da es selbst in dieser politisch sonst sehr Konsens-ausgerichteten Staatengemeinschaft (RYDSTRÖM 2008: 213f.) zum Teil erhebliche Unterschiede gibt. Die Unterschiede lassen sich durch ein Zentrum-Peripherie-Modell beschreiben, wobei den Zentren tendenziell homosexuellenfreundlichere Einstellungen zugeschrieben werden als den Peripherien (RYDSTRÖM 2001: 171). Diese Differenzen sind *innerhalb* eines nordischen Landes zu finden, etwa im Vergleich von städtisch geprägtem, zentralen mit ländlichem, peripheren Raum (ebd.: 171). Gleichzeitig sind sie aber auch vorherrschend bei der Betrachtung der nordischen Region als Ganzes. Dänemark, Schweden und Norwegen stehen als Staaten des nordeuropäischen Zentrums den Färöern, Finnland, Island und Grönland als Peripherie entgegen (ebd.: 171). Zur Komplettierung der Analyse wird der Fokus nun auf den gesamten *Westen* ausgeweitet, welcher durch die Ereignisse in Nordeuropa maßgeblich beeinflusst wurde (KOLLMAN 2007: 337). Dargestellt wird der *westliche* Diskurs mit einigen Ausschnitten aus der Medienwelt über politisch relevante Personen.

4. Der *westliche* Diskurs

Ein Blick in den *westlichen* Diskurs verdeutlicht schnell, dass die Meinungen weitaus heterogener sind, als es das dänische Beispiel zeigt (vgl. Abb. 8). Auch muss der besagte *Diskurs* als solcher gesehen werden und sollte nicht auf eine *Diskussion* von Argumenten *dafür* und *dagegen* reduziert werden.

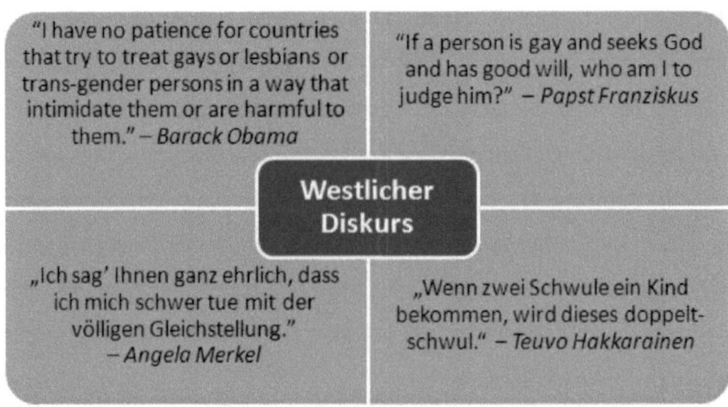

Abbildung 8: Ausschnitt aus dem *westlichen* Diskurs über Homosexualität (eigene Darstellung und Zusammenstellung nach DOVERE 2013; Queerunibasel.ch 2013; YouTube 2013: 0:46 Min.; Queer.de 2011)

Eine Ablehnung der gleichgeschlechtlichen Ehe muss nicht automatisch mit einer Ablehnung von Homosexuellen einhergehen, wie es Bundeskanzlerin Angela Merkel in einem Interview in der *ARD Wahlarena* bekräftigte, indem sie sich gegen die Diskriminierung von Homosexuellen, aber gleichzeitig gegen eine Öffnung der Ehe für homosexuelle Paare aussprach (YouTube 2013, 0:33 Min.). Der Beitrag zeigt auch sehr deutlich, dass persönliche Ansichten eine große Rolle spielen können (YouTube 2013, 1:00 Min.), was im Gegensatz zum dänischen Beispiel steht, wo die kulturelle Eigenzuschreibung als tolerante Nation für die Gesamtheit der Däninnen und Dänen im Vordergrund stand.

Während im dänischen Beispiel auch kritische Stimmen auf sachlicher Ebene agierten und argumentierten, zeigen Äußerungen des rechtspopulistischen Politikers Teuvo Hakkarainen, der finnischen Partei *Perussuomalaiset*, auf Deutsch *Die wahren Finnen*, dass dies nicht immer der Fall ist in der *westlichen* Welt (Queer.de 2011). Negative Aussagen über Homosexuelle wurden von ihm in einer sehr saloppen Sprachform getätigt, welche im Nachhinein als nicht verstandener Witz tituliert wurden (ebd.), was dem Ganzen jegliche Grundlage für ernsthafte Diskussionen nahm.

Desweiteren zeigt sich, dass Religion in anderen *westlichen* Ländern zum Teil eine größere Rolle spielt als in Dänemark. Papst Benedikt XVI warnte vor der Herabstufung der Ehe durch die Gleichstellung homosexueller Paare, da es sich um eine nicht von Gott gewollte Verbindung handle, und unterstützte Proteste in Spanien und Portugal gegen die damalige Einführung der gleichgeschlechtlichen Ehe (Queer.de 2013). Papst Franziskus dagegen sprach sich deutlich positiver gegenüber Homosexuellen aus (vgl. Abb. 8), wodurch klar wird, dass Religion nicht die einzige zu betrachtende Komponente sein kann und auch nicht überbewertet und/oder verallgemeinert werden darf, wie es HUNTINGTON (1993: 25) teilweise äußerte.

Sobald jedoch Länder außerhalb des *Westens* Gesetze zu Lasten Homosexueller einführen, kommt es zumindest zu einem rhetorischen *Clash* und der *Westen* stellt sich nach außen hin homogen und positiv in Bezug auf die Rechte Homosexueller dar. Beispielhaft dafür sollen die 2013 eingeführten Gesetze in Russland dienen, die „jegliche positive Darstellung von Homosexualität in der Öffentlichkeit mit Geldstrafen beleg[en]" (Queer.de 2013a). Daraufhin folgten vor allem im *Westen* Massendemonstrationen (vgl. Abb. 9) und sowohl die Europäische Union, als auch US-Präsident Barack Obama übten scharfe Kritik und forderten den russischen Präsidenten Vladimir Putin auf, das Gesetz zu verwerfen (vgl. Abb. 8; Queer.de 2013a). Dies geschah, obgleich auch in Mitgliedsländern der EU – wie beispielsweise Litauen – sowie in einigen Staaten der USA – ein Beispiel wäre Arizona – gesetzlich legitimierte Diskriminierungen Homosexueller ausgeübt werden (Queer.de 2013b; Queer.de 2014).

Abbildung 9: Massendemonstrationen in Europa gegen die Einführung der Gesetze gegen Homosexuellen-Propaganda in Russland (Lloyd 2013)

Ein weiterer Beleg für die Vielschichtigkeit *westlicher* Meinungen besteht in der Tatsache, dass im *Westen* nicht ausschließlich Demonstrationen zugunsten Homosexueller geführt werden, sondern auch in entgegengesetzter Richtung. Bei der Einführung der gleichgeschlechtlichen Ehe in Frankreich 2013 demonstrierten über 150.000 Menschen dagegen und ein Mann beging Selbstmord, um den Protest zu untermauern (vgl. Abb. 10 und 11; Volkert 2013; Reuters 2013).

Aufstand für alle

Massendemonstrationen gegen die gleichgeschlechtliche Ehe in Paris (Foto: AFP)

Abbildung 10: Massendemonstrationen gegen die Einführung der gleichgeschlechtlichen Ehe in Frankreich
(VOLKERT 2013)

Frankreich: Randale nach Großdemo gegen Homo-Ehe

Abbildung 11: Straßenschlachten nach der Einführung der gleichgeschlechtlichen Ehe in Frankreich
(Reuters 2013)

Zusammengefasst wird deutlich, dass die Massenmedien sowohl Belege für als auch gegen einen möglichen „Clash of *Sexual* Civilizations" liefern und der *westliche* Diskurs über Homosexualität aus sehr vielen Strängen besteht. Diese Stränge stehen auf unterschiedlichen Ebenen miteinander in Verbindung und bilden ein sehr komplexes Gefüge aus politischen, gesellschaftlichen und kulturellen, aber auch individuell-persönlichen Aspekten. Der gegebene Überblick ist nur ein kleiner Ausschnitt des gesamten Spektrums und soll im Folgenden helfen, die Forschungsfrage fundiert zu beantworten.

5. Fazit und Ausblick

Es sollte gezeigt werden, dass die Forschungsfrage – ob die kulturelle Globalisierung homosexueller (Zusammen-)Lebensmodelle zu einem neuen *Clash of Civilizations* führt – nicht so einfach zu beantworten ist. Für das mögliche Ausbrechen eines *Clash* spricht, dass die Mehrheit der *westlichen* Länder Gesetze zum Schutz Homosexueller eingeführt hat und konträr dazu in den meisten nicht-*westlichen* Ländern Homosexualität eine Straftat darstellt. Demgegenüber steht, dass auch Länder außerhalb des *Westens* (Brasilien, Südafrika) Gesetze zugunsten Homosexueller eingeführt haben und dass außerdem auch in *westlichen* Ländern negative Einstellungen gegenüber Homosexualität vorzufinden sind. Ein weiteres Argument zugunsten der Forschungsfrage zeigt sich in direkten Konfrontationen zwischen Ländern unterschiedlicher Zivilisationen (USA – Russland), welchem entgegenzustellen ist, dass es auch zwischen Ländern gleicher Kultur (Spanien – Vatikan) sowie innerhalb eines Landes (Finnland) Konflikte gibt.

Aufgrund dieses hochkomplexen Pluralismus an Argumenten, wurde der Forschungsfrage eine Subfrage unterstellt, um festzustellen, ob der *Westen* im Sinne Huntingtons bezüglich Einstellungen gegenüber Homosexualität als homogene Zivilisation auftritt – und eben nur dann überhaupt in einen *Clash* mit anderen Zivilisationen geraten könnte. Diese Frage ist aufgrund des gezeigten vielfältigen *westlichen* Diskurses eindeutig zu verneinen, was für die Forschungsfrage bedeutet, dass in Bezug auf den Umgang mit Homosexualität Huntingtons Zivilisationen nicht als einheitliche kulturelle Gebilde wahrgenommen werden können und dementsprechend auch kein *Clash of Civilizations* stattfinden kann.

Huntingtons Konzept wird von einem statischen Kulturverständnis beherrscht (BACKHAUS 2009: 218), weswegen die Theorie heutzutage nur schwer anwendbar ist, da es viele Menschen gibt, die „zwischen oder am Rande von Kulturen [leben]" (ebd.: 220) und kulturelle Eigenschaften nicht (mehr) verortbar sind (ebd.: 54). Allerdings sollte gezeigt werden, dass seine Theorie in den Köpfen der Menschen durchaus noch Bedeutung hat und bei neuen Konflikten immer wieder von den Medien hervorgeholt wird. Für die Zukunft wäre es interessant, seine Gedanken mit einem fließenden Kulturverständnis in Einklang zu bringen oder aber gänzlich neue Erklärungsmodelle für sich wiederholende Konflikte zwischen Gruppen von Menschen zu finden.

Kritisch anzumerken ist, dass sich der *Westen* in Fragen der Menschenrechte und speziell beim Thema Homosexualität gegenüber *nicht-westlichen* Staaten als homogen präsentiert, um Forderungen durchzusetzen, obwohl diese selbst in Teilen des *Westens* nicht erfüllt sind. Auch fraglich ist, ob die im *Westen* geschaffenen Kategorien *homosexuell* und *heterosexuell* auf alle Länder der Welt übertragen werden können, da es beispielsweise in vielen asiatischen und arabischen Ländern eine deutlich größere Vielfalt an Konzeptionen von Sexualität oder Geschlecht gibt (ALTMAN 2004: 63 und 67) sowie

„gleichgeschlechtliche Praktiken und Orte, die nicht im westlichen Sinn ‚schwul' und für Außenstehende oft schwer zugänglich sind" (HEKMA 2007: 338f.). Hier könnte es bei einer eins-zu-eins Übertragung des *westlichen* Schemas zu neuen Formen der Unterdrückung und Ausgrenzung kommen. Zu kritisieren sind aber ebenso Staaten, die gleichgeschlechtliche Handlungen als *westliche Krankheit* (ebd.: 349) ansehen, obwohl diese Neigungen in allen Kulturen und zu allen Zeiten vorkommen und vorkamen und auch im *Westen* lange Zeit über nicht toleriert wurden. Die Leidtragenden sind oft junge homosexuelle Menschen, die sich zwischen *westlichen* und anderen Kulturen befinden und/oder bewegen (ebd.: 347).

Anzumerken ist darüber hinaus, dass die rechtliche Gleichstellung zwar ein Indiz für gesteigerte Toleranz gegenüber Homosexuellen darstellen kann, jedoch nicht davon ausgegangen werden sollte, dass diese Gleichstellung in gleicher Intensität in der Gesellschaft und im Alltag stattfindet (BROWNE und NASH 2013: 203). Oft sind es auch nur die *guten* Homosexuellen, die akzeptiert werden, also die, die in einer festen monogamen Beziehung leben und möglichst *normal* sind, wodurch auch *zwischen* Homosexuellen Prozesse der Abgrenzung und Ausgrenzung entstehen, die unter dem Begriff *Homonormativität* gefasst werden (ebd.: 203). Trotz der homophilen Gesetzgebung in Nordeuropa sollte folgendes angemerkt werden, womit die vorliegende Arbeit abschließt:

> „[S]elbst in toleranten Gesellschaften wie den Niederlanden oder Skandinavien bleibt das öffentliche Leben heterosexuell: Heterosexualität ist die Norm, und Homosexualität gilt als zweite Wahl. Die Heteronormativität ruft einen Zwiespalt zwischen dem öffentlichen und privaten Bereich hervor, in dem ‚öffentlich' gleich ‚heterosexuell' bedeutet und ‚homosexuell' auf eine persönliche und private Angelegenheit reduziert wird" (HEKMA 2007: 349).

III Literaturverzeichnis

ALDRICH, R. (2007): Die Geschichte der Homosexualität. In: ALDRICH, R. (Hrsg.) (2007): Gleich und anders. Eine globale Geschichte der Homosexualität. Hamburg: 7–27.

ALTMAN, D. (2004): Sexuality and globalization. In: Sexuality research & social policy, 1(1): 63–68.

ALTMAN, D. (2013): Queer centres and peripheries. In: Cultural Studies Review, 10(1): 119–128.

Arte.tv (2013): Homo-Ehe: Was gilt wo in Europa? Eine Übersicht (17.07.2013). Internet: http://www.arte.tv/de/homo-ehe-was-gilt-wo-in-europa-eine-uebersicht/7400592,CmC=7408758.html (abgerufen am 24.07.2014).

BACKHAUS, N. (2009): Globalisierung. Braunschweig.

BROWNE, K. und C. J. NASH (2013): Special issue: New sexual and gendered landscapes. Geoforum, 49: 203–205.

DOVERE, E.-I. (2013): Obama: 'No patience' for Russia's anti-gay laws (08.06.2013, zuletzt aktualisiert: 08.07.2013). Internet: http://www.politico.com/story/2013/08/barack-obama-russia-anti-gay-laws-95266.html (abgerufen am 29.06.2014).

DUPUIS, M. D. (1995): The impact of culture, society, and history on the legal process: an analysis of the legal status of same-sex relationships in the United States and Denmark. In: International Journal of Law, Policy and the Family, 9(1): 86–118.

FÄßLER, P. E. (2007): Globalisierung. Ein historisches Kompendium. Köln, Weimar und Wien.

GRAHAM, M. (2004): Gay marriage: Whither sex? Some thoughts from Europe. In: Sexuality Research and Social Policy, 1(3): 24–31.

GREWAL, I. und C. KAPLAN (2001): Global identities: Theorizing transnational studies of sexuality. In: GLQ: A Journal of Lesbian and Gay Studies, 7(4): 663–679.

HEKMA, G. (2007): Die schwul-lesbische Welt: 1980 bis zur Gegenwart. In: ALDRICH, R. (Hrsg.) (2007): Gleich und anders. Eine globale Geschichte der Homosexualität. Hamburg: 333–363.

HUNTINGTON, S. P. (1993): The Clash of Civilizations? In: Foreign affairs (1993): 22–49.

INGLEHART, R. und P. NORRIS (2003): The True Clash of Civilizations. In: Foreign policy (2003): 63–70.

JAGOSE, A. (2001): Queer Theory. Eine Einführung. Berlin.

KOLLMAN, K. (2007): Same-Sex Unions: The Globalization of an Idea. In: International Studies Quarterly, 51(2): 329–357.

LAUTMANN, R. (2012): Globaler Konflikt der sexuellen Zivilisationen? Zur Transformation der Sexualkulturen. In: Transnationale Vergesellschaftungen. Springer Fachmedien Wiesbaden (2012): 557–572.

LLOYD, J. (2013): The coming clash of civilizations over gay rights (12.08.2013). Internet: http://blogs.reuters.com/john-lloyd/2013/08/12/the-coming-clash-of-civilizations-over-gay-rights/ (abgerufen am 29.06.2014).

MORICE, A. (2014): Der erfundene Kampf der Kulturen. Internet: http://www.naturefund.de/erde/atlas_der_welt/die_neue_geopolitik/der_erfundene_kampf_der_kulturen.html (abgerufen am 29.06.2014).

Queer.de (2011): „Wahre Finnen": Homo-Eltern machen Kinder „doppelt schwul" (10.05.2011). Internet: http://www.queer.de/detail.php?article_id=14208 (abgerufen am 30.06.2014).

Queer.de (2012): Martialische Rede. Papst warnt vor „Angriff" auf Ehe (21.12.2012). Internet: http://www.queer.de/detail.php?article_id=18169 (abgerufen am 10.07.2014).

Queer.de (2013a): Homo-"Propaganda": EU kritisiert Russland (21.05.2013). Internet: http://www.queer.de/detail.php?article_id=19258 (abgerufen am 10.07.2014).

Queer.de (2013b): Warnung. Litauen: Versammlungsfreiheit von LGBT-Aktivisten gefährdet (03.02.2013). Internet: http://www.queer.de/detail.php?article_id=20569 (abgerufen am 10.07.2014).

Queer.de (2014a): Letztes Aufbäumen. US-Konservative wollen Diskriminierung von Homosexuellen legalisieren (20.02.2014). Internet: http://www.queer.de/detail.php?article_id=21078 (abgerufen am 10.07.2014).

Queer.de (2014b): Jahrestag am 11. Juni. Paragraf 175 vor 20 Jahren abgeschafft. Internet: http://www.queer.de/detail.php?article_id=21731 (abgerufen am 25.07.2014).

Queerunibasel.ch (2013): Papst Franziskus mit überraschender Aussage (10.06.2014). Internet: http://queerunibasel.ch/2013/07/29/papst-franziskus-mit-uberraschender-aussage/ (abgerufen am 29.06.2014).

Reuters (2013): Frankreich: Randale nach Großdemo gegen Homo-Ehe (27.05.2013). Internet: http://www.spiegel.de/politik/ausland/frankreich-randale-nach-grossdemo-gegen-homo-ehe-a-902001.html (abgerufen am 29.06.2014).

RYDSTRÖM, J. (2001): Odd couples : a history of gay marriage in Scandinavia. Amsterdam.

RYDSTRÖM, J. (2008): Legalizing Love in a Cold Climate: The History, Consequences and Recent Developments of Registered Partnership in Scandinavia. In: Sexualities, 11(1-2): 193–226.

Silje, Dralwik et al. (2014): Gleichgeschlechtliche Ehe (zuletzt aktualisiert: 24.07.2014). Internet: http://de.wikipedia.org/wiki/Gleichgeschlechtliche_Ehe#mediaviewer/Datei:World_laws_pert aining_to_homosexual_relationships_and_expression.svg (abgerufen am 29.06.2014).

SØLAND, B. (1998): A Queer Nation? The Passage of the Gay and Lesbian Partnership Legislation in Denmark, 1989. In: Social Politics: International Studies in Gender, State & Society, 5(1): 48–69.

Special K (2013): Oh My Godot. Out Spotlight. A Jake and Austin Community (29.09.2013). Internet: http://ohmygodot.blogspot.de/2013/09/out-spotlight_29.html (abgerufen am 10.07.2014).

VOLKERT, L. (2013): Aufstand für alle. Gleichgeschlechtliche Ehe in Frankreich (29.05.2013). Internet: http://www.sueddeutsche.de/politik/gleichgeschlechtliche-ehe-in-frankreich-aufstand-fuer-alle-1.1683527 (abgerufen am 29.06.2014).

YouTube (2013): Angela Merkel und die homosexuelle Gleichstellung (10.09.2013). Internet: https://www.youtube.com/watch?v=_ERfnTE1Hgw (abgerufen am 29.06.2014).

BEI GRIN MACHT SICH IHR WISSEN BEZAHLT

- Wir veröffentlichen Ihre Hausarbeit, Bachelor- und Masterarbeit

- Ihr eigenes eBook und Buch - weltweit in allen wichtigen Shops

- Verdienen Sie an jedem Verkauf

Jetzt bei www.GRIN.com hochladen und kostenlos publizieren